Khosro Mafakheri
Mohammad Reza Bihamta
Ali Reza Abbasi

Reação de diferentes genótipos de feijão-frade ao stress hídrico

Reação de diferentes genótipos de feijão-frade ao stress hídrico

Khosro Mafakheri
Mohammad Reza Bihamta
Ali Reza Abbasi

Reação de diferentes genótipos de feijão-frade ao stress hídrico

Imprint

Any brand names and product names mentioned in this book are subject to trademark, brand or patent protection and are trademarks or registered trademarks of their respective holders. The use of brand names, product names, common names, trade names, product descriptions etc. even without a particular marking in this work is in no way to be construed to mean that such names may be regarded as unrestricted in respect of trademark and brand protection legislation and could thus be used by anyone.

Cover image: www.ingimage.com

This book is a translation from the original published under ISBN 978-3-659-61150-6.

Publisher:
Sciencia Scripts
is a trademark of
Dodo Books Indian Ocean Ltd. and OmniScriptum S.R.L publishing group

120 High Road, East Finchley, London, N2 9ED, United Kingdom
Str. Armeneasca 28/1, office 1, Chisinau MD-2012, Republic of Moldova, Europe
Printed at: see last page
ISBN: 978-620-7-73221-0

SOBRE OS AUTORES

Khosro Mafakheri é atualmente candidato a doutoramento em melhoramento vegetal no Departamento de Melhoramento Vegetal e Biotecnologia, Faculdade de Agricultura da Universidade de Tabriz, Irão. A sua área de investigação é o estudo da reação de espécies vegetais a stresses bióticos e (a) bióticos.

Mohammad Reza Bihamta é professor e conferencista no Departamento de Agronomia e Melhoramento de Plantas da Faculdade de Agricultura e Recursos Naturais da Universidade de Teerão, Karaj, Irão. A sua área de investigação é a avaliação e o melhoramento de plantas cultivadas sob stress biótico e abiótico. O seu interesse de investigação é a modificação e a criação de novas variedades de culturas.

Ali Reza Abbasi é professor associado e conferencista no Departamento de Agronomia e Melhoramento de Plantas da Faculdade de Agricultura e Ciências Naturais.

Recursos, Universidade de Teerão, Karaj, Irão. Trabalha principalmente na diversidade genética de plantas cultivadas utilizando marcadores moleculares. O seu interesse de investigação é a biotecnologia vegetal.

Resumo:

O feijão-frade (*Vigna unguiculata* L.) é a leguminosa de grão mais importante cultivada em regiões tropicais e subtropicais. O grão de feijão-frade tem um elevado valor nutricional, contendo uma elevada quantidade de proteínas (23-29%). Um total de 32 genótipos de feijão-frade foi selecionado para caraterização com marcadores moleculares e morfológicos em condições normais de irrigação e de stress hídrico, separadamente, como ferramenta de apoio para uma seleção varietal fiável em programas de melhoramento. Neste estudo, foram estudados 17 caracteres morfológicos e métodos estatísticos multivariáveis, seguidos da utilização de um conjunto de 22 pares de iniciadores SSR para caracterizações moleculares. A análise de variância para os caracteres morfológicos revelou diferenças significativas entre os acessos para todos os caracteres medidos. Na análise molecular (SSR), foi detectado um total de 186 alelos com uma média de 2 alelos para cada locus, e a distância genética entre os genótipos foi estimada em 0,0066. A distância genética média entre os genótipos, com base no índice de Nei, foi de 0,116, e o valor do conteúdo de informação do polimorfismo (PIC) para os loci SSR variou de 0,625 para o primer Vm5 a 0,25 para o primer Vm25, com uma média de 0,445. Os resultados da análise fatorial determinaram 5 e 6 fatores em condições de estresse hídrico e irrigação normal, explicando 81,17% e 88,20% da variação total, respetivamente. A similaridade genética média observada em todos os genótipos foi de 75,8%.

DECLARAÇÃO DE INTERESSE PÚBLICO :

O feijão-frade é a cultura mais importante cultivada em regiões tropicais e subtropicais. Neste estudo, foram estudadas as caracterizações moleculares e morfológicas de 32 genótipos de feijão-frade em condições de stress hídrico. Os critérios indicadores associados ao stress hídrico, como o rendimento biológico, o peso de 100 grãos, o número de sementes por vagem, as vagens por planta e o índice de colheita, foram examinados em condições de campo. Os resultados mostraram que os genótipos 7, 210, 291 e 313, juntamente com os controlos (Mashhad e Parasto), foram identificados como genótipos tolerantes com o rendimento mais elevado. A análise molecular utilizando 22 pares de iniciadores SSR detectou um total de 186 alelos e uma distância genética de 0,0066 entre os genótipos. O maior fluxo genético e PIC foram detectados para os primers vm68 (14,88) e vm25 (0,625), respetivamente. A análise mostrou que os primers relacionados com o rendimento económico e biológico em condições normais e de seca foram Vm70, Vm33 e Vm3, Vm26, respetivamente.

Palavras chave: Feijão-caupi, Diversidade genética, SSR, Caracteres morfológicos, Marcador molecular, Stress de seca.

Índice

CAPÍTULO 1

Introdução:

O feijão-frade (*Vigna unguiculata* L. Walp), membro da família Fabaceae, é cultivado principalmente nas zonas tropicais e subtropicais, incluindo África, Ásia, América do Sul e parte do Sul da Europa e dos Estados Unidos (Singh, Chambliss, & Sharma, 1997). A produção total e a área cultivada de leguminosas foram estimadas em 69 milhões de toneladas e mais de 78,5 milhões de hectares em todo o mundo (www.faostat.fao.org. 2013). O feijão-frade é utilizado como cultura hortícola e forragem verde ou seca. Também é utilizado como adubo verde, fixador de azoto ou cultura de controlo da erosão do solo (Davis et al. 1991). As sementes secas de feijão-frade contêm 20-25% de proteínas, 1,8% de gorduras, 60,3% de hidratos de carbono e são fontes ricas de ferro e cálcio (Majnoon Hoseini 2008). Além disso, a capacidade de fixação do azoto atmosférico é extremamente valiosa quando é cultivado com culturas de cereais no sistema de rotação de culturas (Timko et al. 2007). A cultura do feijão-frade aumenta o azoto do solo até 40-80 kg por hectare (Quin 1997).

A seca é um dos factores de stress abiótico mais importantes que leva à redução do rendimento das culturas e da produção potencial de grãos de feijão-frade (Bruce et al. 2002), podendo também afetar o crescimento e a produtividade da maioria das plantas agrícolas (Aslam et al. 2006). O crescimento das plantas sob o efeito das condições ambientais pode ser dividido em efeitos prejudiciais forçados causados pelo ambiente (stress) e respostas adaptativas controladas pela planta (resistência) (Fitter e Hay, 1987). O stress hídrico ou o desequilíbrio entre a oferta e a procura de água não se limita apenas às zonas áridas ou semi-áridas, mas, por vezes, a distribuição irregular da precipitação em regiões temperadas provoca condições desfavoráveis para o melhoramento e a reprodução das plantas, o que resulta numa diminuição significativa do rendimento das plantas (Kumar e Singh, 1998).

A diversidade genética desempenha um papel importante no êxito de qualquer programa de melhoramento (Ali et al., 2007). O conhecimento da diversidade genética no germoplasma e nos genótipos disponíveis é muito útil para o melhoramento de plantas em todo o mundo, promovendo a utilização eficiente das variações genéticas nos programas de melhoramento através do apoio à seleção adequada de combinações cruzadas entre grandes conjuntos de genótipos parentais. Geralmente, a diversidade genética é estimada através da medição da variação em características fenotípicas ou quantitativas e qualitativas, mas por vezes limita-se à caraterização de características quantitativas influenciadas pelas condições ambientais (Kameswara 2004). De acordo com vários estudos, alguns traços morfológicos são usados principalmente como marcadores, incluindo vagem por planta, semente por vagem e tamanho da semente, que afectam o rendimento potencial do feijão-frade (Carnide et al., 2007; Misher et al. 2002; Carnide et al. 2007; Siise e Massawe 2013). Os marcadores morfológicos são altamente dependentes do ambiente para a sua expressão, de facto, várias limitações reduzem a sua capacidade de estimar a diversidade genética nas plantas. Ao contrário, os marcadores moleculares são considerados como uma ferramenta eficaz para a seleção eficiente de características agronómicas desejadas, baseiam-se no genótipo da planta em número suficiente, não são vulneráveis a influências ambientais (Franco et al. 2001) e não são influenciados pelos estádios de desenvolvimento. Entre os marcadores moleculares que fornecem ferramentas úteis para estudar a variação genética e examinar a relação entre e dentro das espécies, os marcadores SSR são os marcadores mais frequentemente utilizados em estudos de análise da diversidade genética (Anas e Yoshida 2004; Smith et al. 2000; Uptmoor et al. 2005; Menz et al. 2004; Case et al. 2005; Ali et al. 2007; Ali et al. 2009; Siise e Massawe 2012). As repetições de sequências simples (SSR) ou microssatélites são dos principais marcadores informativos com atributos genéticos desejáveis, como alta viabilidade, sendo multialélicos, herança codominante, reprodutibilidade, abundância relativa e cobertura do genoma (Kalia et al. 2011). A avaliação da diversidade genética, da variação e da distância genética em genótipos de feijão-caupi foi realizada em vários estudos de acordo com marcadores morfológicos e fisiológicos (Ntundu et al. 2006; Ouderago et al. 2008; Siise e Massawe 2013; Stoilova e Pereira, 2013), e marcadores moleculares como o Polimorfismo de Comprimento de Fragmento Amplificado (AFLP) (Tosti e Negri 2002; Coulibaly et al. 2002), Random Amplified Polymorphism DNA (RAPD) (Fall et al. 2003; Prasanthi et al. 2012), Restriction Fragment Length Polymorphism (RFLP) (Fatokun et al. 1993), e marcadores microssatélites ou Simple Sequence Repeats (SSR) (Lie et al. 2001; Charghani et al. 2009; Badiane et al. 2012; Chabane et al. 2014). Além disso, em alguns estudos, foi estudada uma combinação de diferentes marcadores, incluindo morfológicos e microssatélites, (Shehzad et al. 2009; Kuruma et al. 2009; Siise e Massawe 2012), SSR juntamente com marcador RAPD (Diauf e Hilu 2005) marcadores SSR derivados de EST (Chabane et al. 2007). e avaliação da diversidade genética ao nível do ADN (Reif *et al.*, 2003). Os marcadores SSR são reprodutíveis (Heckenberger et al. 2002) e revelam um elevado nível de polimorfismo (Smith et al. 1997), o que permite a aplicação de sistemas de análise automatizados (Sharon et al. 1997).

A diversidade genética é o fator mais importante que limita o número médio de alelos identificados por locus SSR durante o programa de rastreio (Legesse 2007). A avaliação de genótipos de plantas locais e regionais é importante para identificar diversidades entre germoplasma que podem ajudar o criador a melhorar algumas variedades locais e resolver constrangimentos de produção.

Assim, os principais objectivos deste estudo foram investigar a extensão da diversidade genética e a relação entre genótipos de feijão-frade pertencentes a germoplasmas iranianos e avaliar a correlação significativa entre distâncias aproximadas com base em caracteres morfológicos e marcadores moleculares (SSR).

CAPÍTULO 2

Materiais e métodos

Germoplasmas

Os 32 genótipos de feijão-frade (*Vigna unguiculata* L.) foram colhidos no banco genético de germoplasma de feijão-frade, departamento de agronomia e melhoramento vegetal, Universidade de Teerão, Karaj, Irão. Os códigos, nomes e país de origem de cada acesso são apresentados no quadro 1.

Avaliação em campo e em estufa

O ensaio de campo (localizado a 1112,5 metros acima do nível do mar, latitude: 35°-56'N e longitude: 50°-58E com precipitação média anual de 242 mm) foi conduzido na Fazenda de Pesquisa Experimental da Universidade de Teerão, Irão e ensaio em estufa na Faculdade de Agricultura e Recursos Naturais em Karaj, Teerão, Irão em 2014. Todos os genótipos de feijão-frade seleccionados foram semeados em duas experiências separadas, incluindo condições normais de irrigação e de stress hídrico, com um desenho de blocos completos aleatórios em três repetições. O tratamento de stress hídrico foi aplicado na fase de 6th folhas, quando o risco de declínio das plântulas é reduzido. Os intervalos de irrigação foram utilizados uma vez a cada duas semanas para condições de stress hídrico e uma vez a cada uma semana para irrigação normal.

Estudo morfológico

De cada acesso, foram seleccionadas aleatoriamente cinco plantas para registar as características morfológicas. As caracterizações morfológicas consistiram em 17 características, incluindo rendimento económico, rendimento biológico, índice de colheita, peso de 100 grãos, número de grãos por vagem, número de vagens por planta, comprimento do grão, largura do grão, espessura do grão, altura da planta, data até 50% de germinação, data até 50% de floração, data até 50% de emergência da vagem, data até 50% de maturação, comprimento da vagem, espessura da vagem e largura da vagem, de acordo com as normas estabelecidas para os caracteres morfológicos recomendados pelo descritor IPGRI (Darwin et al. 2003).

Extração de ADN

Para obter amostras de folhas frescas de alta qualidade, as sementes dos 32 genótipos seleccionados foram inicialmente semeadas em pequenos vasos na estufa e as folhas das plantas com catorze dias de idade foram depois amostradas, congeladas imediatamente em azoto líquido e armazenadas a -80°C até à extração do ADN. O ADN foi extraído de três folhas jovens no estádio de 4 a 5 folhas, utilizando o método CTAB, de acordo com Doyle e Doyle (1990). A qualidade e a quantidade do ADN extraído foram verificadas utilizando um gel de agarose (1%) e um espetrofotómetro, respetivamente, tendo sido preparadas diluições adequadas (50 ng pl^{-1}). No ensaio de reação em cadeia da polimerase, foi selecionado e utilizado neste estudo um conjunto de 22 pares de iniciadores de marcadores SSR, de acordo com relatórios anteriores (Fathi 2010; Hong et al. 1993; Li et al. 2001; Diouf e Hilu 2005; Nie et al. 1979) (quadro 2). A PCR foi efectuada utilizando um dispositivo termociclador Bio-Rad (Bio-Rad Laboratories Inc., Hercules, CA, EUA) num volume final de 15 pl contendo 2 pl de ADN (50 ng pl^{-1}), 1,5 pl de tampão de extração de ADN (10x) pH 8,3, 1.2 mM de Mgcl2 (25 mM), 1 mM de dNTPs (10 mM), 1 mM de iniciador direto (10 pico-mols pl^{-1}), 1 mM de iniciador inverso (10 pico-mols pl^{-1}) e 2,0 pM (5 U/pl) da enzima Taq DNA polimerase. Os ciclos térmicos foram iniciados com uma desnaturação inicial de 94 °C durante 4 min, seguida de 35 ciclos de 40 s a 94 °C, 40 s a diferentes temperaturas de recozimento correspondentes a cada conjunto de primers (quadro 2) e a 72 °C durante 2 min. Foi utilizado um ciclo adicional de 5 min a 72 °C para a extensão final. Após a PCR, os amplicoms foram visualizados num gel de agarose a 1%. Em seguida, as amostras foram misturadas com um volume igual de DMF a 98% e desnaturadas durante 5 minutos a 94°C. O produto da reação de PCR de 8 microlitros, depois de aberto em cadeia dupla, foi separado numa solução de eletroforese em gel de poliacrilamida a 6% com persulfito de amónio (APS) e 70pl TEMED (Bassam etal. 1991).

Análise estatística SSR.

Todos os genótipos foram classificados quanto à presença e ausência de bandas SSR. Apenas os produtos de amplificação claros e repetíveis foram pontuados como 1 para bandas presentes e 0 para bandas ausentes, e esta matriz de dados foi submetida a análise posterior. O polimorfismo foi calculado com base na presença ou ausência de bandas. A matriz de dados foi criada e utilizada para calcular a distância genética e a semelhança utilizando a análise do software Gen Alex, NTSYS-pc e Pop Gene. Os parâmetros genéticos relacionados foram calculados como o número de bandas polimórficas e a média de alelos por locus, heterozigosidade (H_e), conteúdo de informação de polimorfismo (PIC) e outros parâmetros genéticos. Os softwares estatísticos SAS var 9.2 e SPSS var.21 foram utilizados para a análise estatística. A análise de biplot foi efectuada com o programa STATGRAPHICS. O programa de computador NTSYS-pc (Rohlf, 2000) foi utilizado para gerar as matrizes de similaridade e o agrupamento UPGMA.

A informação de cada par de primers foi deduzida utilizando o conteúdo de informação polimórfica (PIC), tal como descrito por Weir (1996), utilizando o programa Power Marker ver. 3.25. A estrutura genética dos acessos foi investigada pela Análise de Variância Molecular (AMOVA). O índice de fixação foi utilizado para analisar a estrutura genética. O método Unweight Pair Group Method using Arithmetic averages (UPGMA) sobre os índices de similaridade e a análise de coordenadas principais (PCA) foram realizados para identificar padrões de variação genética entre genótipos de feijão-caupi usando o programa NTSYS-pc versão 2.11. A análise de agrupamentos foi efectuada com base na distância genética. Os agrupamentos resultantes foram representados como dendrogramas e impressos no software MEGA. Para estimar o valor de K, foi calculada a estatística de clusterdness (Rosenberg et al. 2005) e calculada a média de todas as repetições por K. A maior clusterdness foi alcançada para K=2 (resultado não mostrado). Para além disso, foi utilizado o CLUMPP (Jakobsson e Rosenberg 2007) para fundir diferentes matrizes Q e a atribuição de agrupamentos foi traçada com destruct (Rosenberg 2004). As estatísticas F, o fluxo genético, a identidade genética e a distância foram estimados utilizando o software POPGENE 1.32 (Yeh et al. 199). O número de alelos observados por locus, e o número efetivo de alelos por locus (N_e), foram determinados de acordo com Kimura e Crow (1964). O índice de diversidade de Shannon foi calculado para determinar a diversidade nas populações, de acordo com Shannon e Weaver (1949). Também foram efectuadas estatísticas F_{ST} ou G_{ST} para medir a heterozigotia nas populações. F_{ST} ou G_{ST} foram estimados de acordo com Wright (1978). O fluxo genético foi estimado a partir de F_{ST} ou G_{ST} de acordo com Nei (1973) da seguinte forma: $Nm = 0.25(1 - F_{ST})/F_{ST}$. A identidade genética e a distância entre populações em todos os loci foram estimadas utilizando o coeficiente de distância genética não enviesado de Nei (1978).

No final, com base na pontuação dos padrões de bandas (presentes "1" e ausentes "0") e das características fenotípicas avaliadas no campo como variáveis independentes e dependentes, respetivamente, foi efectuada uma análise de regressão stepwise utilizando o software estatísticoSPSSver. 19.

CAPÍTULO 3

Resultado.

A variação genética em características morfológicas quantitativas mostrou uma elevada variabilidade em 32 genótipos de feijão-frade. A análise de variância (ANOVA) mostrou um total de 23% de variação entre populações, enquanto 77% de variação dentro da população com valor significativo ($p < 0,01$) (Tabela 7). Os valores estatísticos básicos para cada caraterística quantitativa em 32 genótipos de feijão-frade das quatro populações avaliadas sob duas condições normais de irrigação e de stress são apresentados separadamente nas tabelas 3 e 4. Em ambas as condições de irrigação normal e de stress hídrico, os caracteres mais variáveis foram o rendimento económico, o rendimento biológico, a data de germinação de 50% e o peso de 100 grãos. Os caracteres largura do grão, espessura do grão, espessura da vagem e largura da vagem apresentaram menor variação em ambas as condições.

Foi estimada a análise de componentes principais para um total de 17 caracteres morfológicos em condições normais e de estresse, sem rotação varimax para todos os genótipos. Em condições normais, as seis análises de componentes principais explicaram 88,2% da variação fenotípica total dos caracteres avaliados, com autovetores iguais a 32,99%, 14,79%, 13,69%, 11,93%, 8,78% e 6,02% da variância total, respetivamente. As primeiras características predominantes na componente foram o peso de 100 grãos, o comprimento do grão, a largura do grão, a espessura do grão, o número de dias até à maturação de 50% da vagem, o comprimento da vagem, a largura da vagem e a espessura da bainha, com cargas positivas que tiveram um grande impacto, O segundo componente foi dominado por características como o rendimento económico, o índice de colheita, com um impacto negativo, e o número de sementes por vagem, o número de vagens por planta, a altura da planta, o comprimento da vagem, o número de dias até 50% de floração, o número de dias até 50% de vagem madura e o número de dias até 50% de vagem emergente, com cargas negativas, mas com cargas positivas, e a espessura da vagem, que são as mais importantes. Em condições de estresse hídrico, a análise de cinco componentes principais explicou 81,17% da variação total para as características avaliadas, que apresentaram autovetor igual a 29,03%, 21,86%, 13,04%, 10,49% e 6,74% da variância total, respetivamente. No primeiro componente, as características mais importantes foram o peso de 100 grãos, largura do grão, espessura do grão, altura da planta, comprimento da vagem, espessura da vagem com muito impacto positivo, O segundo componente consistiu no Índice de Colheita, com uma carga negativa e o número de vagens por planta, altura da planta, dias até 50% de floração, dias até 50% de vagem emergente, dias até 50% de maturidade com a carga positiva são o papel mais importante. Os dois primeiros parâmetros foram utilizados para determinar a aptidão dos dados para a análise fatorial de KMO (Kaiser-Mir-Olkine) e o teste de Bartlett. Em ambas as condições, o valor de KMO foi superior a 0,6, o que significa que as correlações entre os dados obtidos eram adequadas para a análise de componentes principais, e o teste de Bartlett também foi significativo em termos de correlação suficiente entre as variáveis. Por conseguinte, pode concluir-se que os dados são adequados para a análise de componentes principais. Devido ao facto de, tanto em condições normais como em condições de stress hídrico, a primeira e a segunda componentes (PC1 e PC2) explicarem a maior parte da variância dos dados para os factores principais, as componentes do rendimento e do rendimento foram reconhecidas como os dois factores adequados a coordenar na determinação da dispersão e dos genótipos superiores. As observações em condições normais (Figura 1) revelaram que os genótipos 313 e 37, juntamente com os genótipos de controlo Mashhad (998) e Parasto (999), com o primeiro e o segundo factores, foram positivos e apresentaram uma maior produção de sementes por planta, respetivamente.

Sob condições de estresse hídrico, de acordo com o primeiro e segundo componentes principais, os genótipos 294, 141, 220, 222, 107, 175, 232, 246, 17 e 229 foram determinados como mais positivos, mostrando maior produção de sementes sob condições de estresse hídrico (Figura 3). Foram desenhados biplots para 32 genótipos avaliados para características morfológicas usando análise de componentes principais de acordo com o primeiro e segundo componentes. Como mostrado nas figuras 1 e 3, em ambas as condições normais e de estresse de seca, os genótipos foram transmitidos em quatro áreas A, B, C e D. Os genótipos localizados na área A, apresentaram maiores valores para ambos os fatores. As curvas de densidade em ambas as condições, com base no primeiro e segundo componentes para as condições de irrigação normal e estresse hídrico são mostradas nas Figuras 2 e 4, respetivamente. Neste gráfico, dois genótipos principais (lado direito) foram consistentes com o primeiro cluster e na análise de cluster é que a maioria dos genótipos em seu lugar, Os outros clusters que compõem uma menor percentagem de genótipos são indivisíveis no diagrama (lado esquerdo). Assim, de acordo com os resultados, o gráfico de densidade da análise de agrupamento foi justificado.

Foi efectuada uma análise de agrupamento (UPGMA) utilizando a distância euclidiana ao quadrado para determinar a afinidade dos genótipos e agrupá-los com base em dados quantitativos para irrigação normal (Fig. 5) e condições de stress hídrico (Fig. 6). Em condições normais, os genótipos de feijão-frade foram agrupados em quatro grupos com base em características morfológicas (Fig. 5), cada um deles dividido em diferentes subgrupos. O primeiro grupo foi constituído principalmente pelos genótipos 196, 43, 215, 186, 246, 192, 8, 210, 76 e 141, que estão localizados em interacções genotípicas no grupo com um valor médio de peso de 100 grãos, peso biológico e peso económico igual a 13,25 g, 282,23 g e 83,22 g, respetivamente. Os genótipos 313, 998, 7, 291, 229, 37, 307, 17, 107, 193, 203, 9, 30, 162, 294, 232, 175, 222 e 220 foram agrupados no segundo grupo, apresentando valor médio de peso de 100 grãos, peso biológico e peso económico, iguais a 14,1g, 361,10g e 109,153g respetivamente. O terceiro grupo incluiu dois genótipos 49 e 174, com valores médios para peso de 100 grãos, peso biológico e peso económico iguais a 12,93g, 445,32g e 100,3g, respetivamente. O quarto grupo incluiu apenas o genótipo 999 dos EUA, que apresentou um peso de 100 grãos de 20,98g, pesos biológico e económico iguais a 626,33g e 151,33g, respetivamente (Fig. 5).

O dendrograma para o stress hídrico baseado no método UPGMA agrupou o total de 32 genótipos de feijão-frade em quatro grupos principais. O primeiro grupo incluiu os genótipos de feijão-frade 222, 192, 220, 193, 8, 215, 141, 17, 246, 7, 37, 186, 76, 9, 175, 999, 162, 34 e 107, com valores médios de peso biológico e económico de 100 grãos iguais a 12,04 g, 263,22 g e 70,52 g, respetivamente. O segundo grupo foi dividido em dois subgrupos. Estes dois subgrupos incluíam os genótipos 232, 291, 294, 49, 203, 307, 196, 229, 30 e 313, com peso médio de 100 grãos de 12,51g, e pesos biológico e económico de 372,76g e 87,68g. O terceiro grupo tinha apenas dois genótipos 174 e 99, com peso médio de 100 grãos de 10,27g, pesos biológicos e económicos de 609,02g e 167,23g, respetivamente, e o quarto grupo incluía apenas um genótipo 998, com peso médio de 100 grãos e pesos biológicos e económicos iguais a 18,06g, 755,13g e 123,02g, respetivamente (Fig. 6).

Neste estudo, foram utilizados 22 pares de primers SSR (Quadro 2) para avaliar a diversidade genética e estimar o polimorfismo genético em 32 genótipos de feijão-frade com base num sistema de marcadores codominantes. A utilização destes marcadores revelou um elevado nível de diversidade no presente estudo. Todos os 22 pares de primers SSR utilizados neste estudo foram polimórficos, tendo sido amplificadas um total de 186 bandas de polimorfismo utilizando estes marcadores SSR. Entre os primers estudados, o número mais baixo de alelos por locus variou entre 4 e 5 alelos para Vm25 e Vm4, contra o valor mais elevado de 13 e 14 alelos para os primers Vm39 e Vm26, respetivamente. O número médio de alelos neste estudo (8,45) é comparável ao de estudos anteriores de diversidade genética (Cholastova e Knotova 2012), que encontraram 8,5 alelos por locus. E o número de alelos por locus de microssatélites, variando de 4 a 14, contrasta com os resultados obtidos por Cholastova e Knotova (2012), que relataram uma média de 22,3 alelos por locus usando primers de microssatélites em AlfaAlfa (*Medicago sativa* L.). Uma vez que o maior número de alelos para cada marcador de microssatélite (SSR) é um indicador mais adequado para estimar a diversidade genética (Roder *et al.*, 1998), entre os 22 iniciadores estudados, os que apresentavam um elevado número de alelos eram mais adequados para estimar a diversidade genética. Foi observado um total de 740 bandas para todas as populações, das quais 346 bandas eram polimórficas, incluindo 92 (47,57%) bandas para a população 1 (da Índia), 136 bandas (73,51%) para a população 2 (da América), 66 bandas (30,27%) para a população 3 (da América Latina) e 66 bandas (27/03%) para a população 4 (da Ásia). Foi observado um polimorfismo médio de 44,59% para as bandas da população total. O número médio de alelos por locus foi estimado em 35 alelos, variando de 14 a 67 alelos, e o conteúdo de informação de polimorfismo (PIC) foi calculado para 22 pares de primers SSR que representam a diversidade alélica para um locus específico, variando de 0,25 a 0,625, com uma média de 0,445. Os primers SSR Vm5 e Vm25 apresentaram as frequências alélicas mais elevadas e mais baixas, respetivamente. O iniciador SSR Vm5 apresentou a frequência alélica mais elevada com o conteúdo máximo de PIC, sendo mais promissor do que os outros marcadores para a determinação da distância genética.

O número médio de alelos efectivos variou de 1,205 a 1,936 para o primer Vm3 e 1,059 para o primer Vm25. Os valores do índice de informação de Shannon (I) também apresentaram uma tendência variável idêntica, com um intervalo de 0,409 para o primer Vm34 e 0,122 para o primer Vm25, e uma média de 0,265. O índice de Shannon como conteúdo de informação do polimorfismo mostra o polimorfismo do primer.

Para investigar a relação entre as populações, as variáveis

demográficas foram examinadas separadamente para cada iniciador (Tabela 5). O primeiro indicador, da diversidade genética total (H_T), variou entre 0,05 para o primer Vm25 e 0,236 para o primer Vm34, com uma média de 0,146. É também de notar que o primer Vm70, com uma média de 0,225, apresentou a maior quantidade de variação genética total. Também a menor quantidade de diversidade genética dentro das populações (Hs) variou de (0,048) para o primer Vm25 a (0,192) para o primer Vm40. O coeficiente de diferenciação genética entre populações (G_{ST}), com uma média de 0,0758, variou de 0,2025 a 0,0325 para os primers Vm34 e Vm68, respetivamente, como os valores mais altos e mais baixos do índice. A estatística G_{ST} é o rácio da diversidade entre populações versus o rácio da variedade total de espécies. A quantidade de fluxo genético (Nm) foi calculada para todos os primers com uma média de 6,09. A quantidade de fluxo génico entre populações e o coeficiente de diferenciação genética estão negativamente correlacionados com aqueles. Entre os primers estudados para o fluxo gênico nas populações, o fluxo gênico máximo e mínimo foram observados no primer Vm68 (14,879) e no primer Vm12 (1,801). A elevada semelhança genética observada neste estudo pode dever-se à integração e sobreposição das populações em resultado do fluxo de genes entre populações. Muito provavelmente, os genótipos em diferentes populações em áreas próximas provavelmente resultam de mistura mecânica ou genética durante um longo período de tempo e com diferentes genótipos dentro das populações, além disso, presume-se que os genótipos são mesmo movidos em populações geograficamente separadas (Quadro 5).

Para avaliar a diversidade genética dentro das populações, foram calculados os índices médios da intra-população que incluíam o número observado de alelos (Na). Os resultados mostraram uma média de 1,47 para a América Latina como o mais alto e 0,55 para a população da América como o mais baixo. Foi observado um número médio elevado de alelos efectivos em todas as populações, com a população asiática a apresentar o valor mais elevado, com uma média de 1,238. As matrizes de distância não tendenciosa do índice de Nei e de similaridade genética foram estimadas sobre todos os marcadores SSR, diversidade genética (h) e índice de Shannon (I), com a população da Ásia e da América Latina apresentando a maior distância (com uma média de 0,146 e 0,233, respetivamente). Para elucidar as relações entre as populações, a medida não enviesada de Nei das matrizes de distância genética foi utilizada na análise de agrupamento com base no algoritmo UPGMA para construir um dendrograma. O número de bandas polimórficas na população da América Latina, com 136 bandas, foi o maior e a população da América, com o menor número de 52 bandas, apresentou a menor distância (Tabela 6). O índice de informação de Shannon (I) e a percentagem de conteúdo de informação polimórfica (%PIC), revelaram uma alta diversidade genética entre áreas geográficas porque os genótipos com regiões de alta similaridade genética perto das áreas geográficas longe de outros genótipos (Konan et al. 2011). Neste estudo, a capacidade dos marcadores SSR foi confirmada pela distinção de genomas estreitamente relacionados, resultando na distância genética mínima (Smith et al. 1997).

A análise de variância molecular (AMOVA) mostrou que a variação entre populações é maior do que a variação dentro da população; por outras palavras, a estrutura genética dos genótipos de feijão-frade por AMOVA não mostrou variação genética significativa ($P=0,226$) entre populações (Quadro 7). O valor do índice de diferenciação genética (GST= 0,0758) indica uma diferenciação genética muito baixa entre as populações. A variância dentro das populações representou a maior parte (77%) da variância total, contra 23% da variância observada entre as populações. Isto representa que a diferença entre as populações é elevada, pelo que as plantas têm uma elevada diversidade dentro das populações e as populações são heterogéneas. O baixo valor de PhiPT mostra a distinção entre grandes populações (Tabela 7).

A matriz de similaridade e a distância genética das populações foram formadas usando o software GenAlex com base no coeficiente de similaridade genética e na distância genética. A distância genética entre as populações variou de 0,0066 para a população da Índia (1), com a população da América (2), a 0,0282 para a população da América Latina (3) com uma população da Ásia (4) (Tabela 8).

O dendrograma forneceu uma visão geral básica da análise da diversidade entre os genótipos de feijão-frade (Fig. 7). Não foi possível observar qualquer agrupamento de acordo com a região no dendrograma, e também não foi observado qualquer agrupamento específico para os genótipos.

Foi efectuada uma análise de regressão stepwise para cada caraterística separadamente, para determinar a relação entre as características quantitativas e os dados moleculares e para identificar os marcadores associados às características. Cada caraterística quantitativa foi considerada como a variável dependente (y) e todos os marcadores moleculares como as variáveis independentes (x). De acordo com os resultados, o primeiro X (o primeiro primer) foi o mais popular e, portanto, entrou no modelo e, em seguida, as outras variáveis (X) (outros primers) foram incluídas na equação. Com base na análise de regressão em condições normais de rega e de stress hídrico (Tabela 9), um grande número de alelos para a maioria das características apresentou uma elevada percentagem de variação, o que sugere que este modelo pode ser utilizado para modificar as características em função do marcador. Em condições normais, foi identificado o número máximo de marcadores para as características espessura do grão e largura da vagem (33 marcadores) e o número mais baixo para o número de dias até 50% de germinação (2 marcadores). Na condição normal, a maior e a menor taxa de coeficiente de regressão foram observadas para peso de 100 grãos ($R^2 = 68\%$), e comprimento de vagem ($R^2 = 16,9\%$) respetivamente, e para a maioria das características, o marcador Vm68, justificou o modelo de regressão e uma alta porcentagem da variação. De acordo com o primer Vm68, as características que incluem o número de grãos por vagem, a data de 50% de germinação, a data de 50% de emergência das vagens e a data de 50% de maturação foram as primeiras variáveis colocadas no modelo de regressão. O primer Vm70 foi um marcador adequado para o rendimento económico como moderador do modelo de regressão.

Em condições de stress hídrico, foi identificado um número de primers que justificam uma maior percentagem de características morfológicas com base numa análise de regressão (Quadro 9). O número máximo e mínimo de marcadores foi identificado para o comprimento da vagem (35 marcadores) e a largura da vagem (3 marcadores), respetivamente. Os coeficientes de regressão mais elevados e mais baixos (R^2) foram observados para as características espessura do grão (67,4%) e dias até 50% de floração (18,9%), respetivamente. Nestas condições, os alelos dos marcadores Vm68 e Vm26 foram as primeiras variáveis no modelo para a maioria dos caracteres. Por conseguinte, justificam-se as elevadas taxas de variação dos caracteres. Assim, os marcadores primers Vm68 e Vm26 foram os primeiros a entrar no modelo para o peso de 100 grãos, o número de vagens por planta, a largura das vagens, o rendimento biológico, o número de grãos por vagem, a data de 50% de germinação e o comprimento das vagens.

CAPÍTULO 4

Discussão.

A diversidade genética é um pré-requisito para o melhoramento genético das culturas agrícolas. Mas a utilização adequada da diversidade genética nas colecções de germoplasma exige um bom conhecimento das suas características. A caraterização dos acessos baseia-se tradicionalmente em características morfológicas e agronómicas, o que é de grande interesse para os melhoradores de plantas. Os resultados deste estudo confirmaram a existência de uma elevada variação morfológica na coleção de genótipos de feijão-frade avaliada neste estudo, revelando um ponto de partida interessante para programas de desenvolvimento de plantas, a fim de introduzir variedades novas e híbridas. As características mais importantes do feijão-frade para os criadores e agricultores são o tamanho e a produção da semente, o peso elevado dos 100 grãos e o rendimento biológico. Neste estudo, os genótipos com maior produção de sementes em condições normais de irrigação foram 220 (137,83 g) e 291 (193,73 g), e em condições de stress de seca foram 210 (195,44 g) e 291 (132,73 g) (mais de 13,98gr e 12,26gr/100 sementes de peso, respetivamente). Os estádios fonológicos (dias para 50% de germinação, floração, poda e dias para maturação) apresentaram menor/maior coeficiente de diversidade, concordando com resultados relatados por Hedge e Mishra (2009) e Stoilva e Pereira (2013). Em alguns genótipos, a data de floração e maturação foi menor, pois o genótipo mais precoce (186) iniciou a floração 82 dias após a germinação em comparação com os mais recentes (genótipos 313 e 998) que necessitaram de 131 dias para o início desta latência. O encurtamento do período de floração é uma vantagem em temperaturas elevadas e a baixa humidade do ar pode ser evitada (Stoilva e Pereira 2013). No nosso estudo, os genótipos 186 e 37 com floração mais precoce nas populações americana e asiática, produziram 110gr e 434gr de rendimento económico e 91gr e 255gr de rendimento biológico, no grupo C de rega normal (Figura 2) e no grupo C de condição de stress hídrico (Figura 3) respetivamente. A maioria das características quantitativas estudadas são influenciadas pelas condições ambientais (Stoilva e Pereira, 2013). Os componentes de rendimento mais importantes nas culturas de feijão-frade são o número de vagens, as sementes por planta e as vagens por planta. Em condições normais de irrigação, foram encontrados valores elevados para estas características em dois genótipos (220 e 30), e depois no genótipo 294. Mas, em condições de stress hídrico, foram encontrados valores elevados para estas características em dois genótipos (203 e 162), e muitos genótipos eram semelhantes a este (215). Em condições normais de irrigação, os genótipos com maior peso de sementes/planta foram 220 e 291 e os genótipos com maior peso de 100 sementes foram 998 e 999. Em condições de stress hídrico, os genótipos com maior peso de sementes/planta foram 210 e 291, e para o peso de 100 sementes 30, 998 e 999 revelaram-se genótipos superiores.

A presença de diversidade genética nas populações de culturas não é simplesmente detectada pelas características morfológicas. A utilização de marcadores moleculares em estudos de diversidade vegetal é cada vez mais frequente para a deteção de diferenças nas populações de culturas ao nível do ADN (M_{EN} g et al. 1998).

No presente estudo, foi encontrado um nível relativamente elevado de variação entre os genótipos de feijão-frade utilizando marcadores SSR com 44,59% de polimorfismo. Todos os loci SSR analisados neste estudo apresentaram um elevado grau de polimorfismo com 4 a 14 alelos por locus, com uma média de 8,45 alelos por primer. Fatokun et al. (2008) detectaram uma gama de 4 a 13 alelos entre 48 linhas de feijão-frade selvagem com uma média de 7,5 alelos por iniciador. Asare et al. (2010) registaram 4 a 13 alelos em acessos de feijão-frade recolhidos no Gana, enquanto Sawadogo et al. (2010) registaram 5 a 12 alelos em acessos de feijão-frade recolhidos no Burkina Faso utilizando SSRs de espécies cruzadas de Medicago. Em contrapartida, Diouf e Hilu (2005) registaram 1 a 9 alelos no germoplasma de feijão-frade. Noutro estudo, o iniciador Vm27 apresentou o número mais baixo de alelos entre 90 linhas de feijão-frade cultivadas e um parente selvagem cruzado compatível (Li et al. 2001). Esta inconsistência pode provavelmente ser atribuída ao número de genótipos e à diversidade do germoplasma utilizado nos estudos acima referidos. Neste estudo, o conteúdo de informação polimórfica apresentou um intervalo de 0,25 e 0,625 com uma média de 0,45. Kuruma et al. (2010) observaram que o PIC variava de 0,09 a 0,87 com uma média de 0,34, enquanto Fatokun et al. (2008) observaram que o PIC variava de 0,29 a 0,87 com uma média de 0,68. Um dos indicadores mais importantes para a comparação de diferentes marcadores de diferenciação é o seu conteúdo de informação de polimorfismo. Valores elevados de PIC indicam um polimorfismo elevado ou representam um alelo ou alelos raros na posição indicadora, o que desempenha um papel importante na diferenciação e nos indivíduos (Agarama e toiinstera, 2003). Padulosi et al. (2007) sugeriram que uma área com variação intensa pode provavelmente ser aquela onde a cultura deve ter sido cultivada durante muito tempo como resultado de consanguinidade e introgressão entre diferentes variedades.

A elevada diversidade genética a nível molecular está de acordo com a variação observada nos traços morfológicos totais entre os genótipos cultivados. A diversidade genética total (H_T) foi de 0,146 em média e variou de 0,05 a 0,236 e também o primer Vm70 exibiu a maior diversidade genética (H_T) de 0,225. Os níveis de interpolação da diversidade genética (H_S) de heterozigosidade foram observados, variando de 0,048 (Vm25) a 0,192 (Vm40). A falta de heterozigotia pode ser atribuída à natureza melhorada do feijão-frade, em que a proporção de heterozigotia é provavelmente baixa. O alto nível de semelhança registado entre as variedades de feijão-frade pode ser devido à autopolinização (Padulosi 1993). O índice G_{ST} foi baixo 0.076 indicando baixa e alta diferenciação de G_{ST} variando de 0.0325 a 0.2025. A falta de diferenciação entre populações e genótipos de feijão-frade indica os altos níveis de fluxo de genes entre populações, bem como a falta de tempo suficiente para uma diferenciação genética significativa entre populações. O elevado poder de discriminação dos SSR é também um fator importante na análise da variação do património genético das culturas.

Em geral, observou-se um nível relativamente elevado de semelhança entre os genótipos de feijão-frade para a maioria das características morfológicas.

No nosso estudo, não foi encontrado nenhum traço estável no total dos 32 genótipos de feijão-frade analisados, o que demonstra a existência de uma elevada variação nos traços morfológicos. De facto, as populações de diferentes países apresentaram uma grande variedade de diferenças morfológicas e moleculares. O nível mais elevado de polimorfismo apresentado por estes 32 genótipos de feijão-frade pode ser atribuído a uma forte diversidade genética dos mesmos.

No nosso estudo, não foi detectada qualquer correlação positiva entre países e genótipos que apresentassem um elevado grau de variação entre as quatro áreas de amostragem. Este resultado sugere uma elevada taxa de intercâmbio genético entre populações, provavelmente devido ao intercâmbio entre materiais vegetais. Porque o feijão-frade, tal como outras leguminosas e culturas hortícolas, é gerido pelos agricultores com base em características morfológicas e fenotípicas. A existência de alto polimorfismo distinguindo acessos e genótipos locais tem sido apresentada em outros estudos, mas reflete a ausência de estrutura espacial geográfica entre eles, o que apoia fortemente o principal resultado do nosso trabalho (Marcos *etal.*, 2013).

O conhecimento das relações genéticas entre os genótipos fornece informações úteis para abordar os programas de melhoramento e a gestão dos recursos de germoplasma (Rolda_Ruiz et al. 2001). Neste estudo, os dados morfológicos combinados com a análise molecular (marcadores SSR) caracterizaram as relações genéticas entre genótipos de feijão-frade para encontrar marcadores informativos, pelo que foi estabelecida uma relação significativa entre estes dois marcadores diferentes. A amplitude da distância genética observada para os caracteres morfológicos foi normalmente superior à dos marcadores SSR, o que pode refletir a influência do ambiente nas características fenotípicas.

De um modo geral, pode afirmar-se que a combinação de

microssatélites e de dados morfológicos pode ser altamente informativa, pelo que podem ser instrumentos eficazes e precisos para detetar a diversidade genética no germoplasma de feijão-frade.

Referências:

1- Anas YT. 2004. Diversidade genética entre sorgo cultivado no Japão avaliada com marcadores de repetição de sequências simples. Plant Prod Sci, 7: 217-223.

2- Aslam M, Khan IA, Saleem M, Ali Z. 2006. Avaliação da tolerância ao stress hídrico em diferentes acessos de milho na germinação e no crescimento inicial. Fase. Pak J Bot, 5: 1571-1579.

3- Ali ML, Rajewski JF, Baenziger PS, Gill KS, Eskridge KM, Dweikat L. 2007. Avaliação da diversidade genética e da relação entre uma coleção de germoplasma de sorgo doce dos EUA através de marcadores SSR. Mol Breed. Doi, 10.1007/s11032-007-9149-z.

4- Asare AT, Gowda BS, Galyuon IKA, Aboagye LL. 2010. Avaliação da diversidade genética no germoplasma de feijão-frade [*Vignaunguiculata* (L.) Walp.] do Gana utilizando marcadores de repetição de sequência simples. PlantGenet. Res. Char. Util, 8: 142-150.

5- Agarma HA, Tuinstra MR. 2003. Diversidade filogenética e relação entre os acessos de sorgo com SSRs e RAPDs. Afr J Biotechnol, 2: 334-340.

6- Badiane, F. A., Diouf, D., Sane, D., & Diouf, O. (2004). Seleção de variedades de feijão-frade [*Vigna unguiculata* (L.) Walp.] através da indução de défice hídrico e análises RAPD. *Jornal Africano de Biotecnologia, 3*, 174-178.

7- Bassam, B. J., Caetano-Anolles, G., & Gresshoff, P. M. (1991). Coloração de prata rápida e sensível de DNA em géis de poliacrilamida. *Analytical biochemistry, 196*, 80-83.

8- Bruce WB, Edmeades GO, Barker TC. 2002. Molecular and physiological approaches to maizeimprovement for drought tolerance. J. Exp. Bot, 135: 361-371.

9- Carnide V, Pocas I., Martins S, Pinto-Carnide O .2007. Variabilidade morfológica e genética em populações portuguesas de feijão-frade (*Vigna unguiculata* L.). 6ª Conferência Europeia das Leguminosas para Grão. Lisboa. Livro de Resumos, 128: 12-16.

10- Casa A, Mitchell S, Hamblin M, Sun H, Bowers J, Paterson A, Aquadro C, Kresovich S. 2005. Diversidade e seleção no sorgo: análises simultâneas utilizando repetições de sequências simples. Theor Appl Genet, 111:23-30.

11- Chabane K, Abdalla O, Sayed H, Valkoun J. 2007. Assessment of EST-microsatellite markers for discrimination and genetic diversity in bread and durum wheat landraces from Afghanistan (Avaliação de marcadores EST-microssatélites para discriminação e diversidade genética em variedades tradicionais de trigo panificável e duro do Afeganistão). Genet Resour Crop Evol, 54: 1073-1080.

12- Chabane, F., Moummi, N., & Benramache, S. (2014). Estudo experimental da transferência de calor e desempenho térmico com aletas longitudinais do aquecedor solar de ar. *Journal of Advanced Research, 5*, 183-192.

13- Cholastova T, Knotova D. 2012. Utilização de marcadores morfológicos e de microssatélites (SSR) para avaliar a diversidade genética na alfafa (*Medicago saliva* L.). Jornal Internacional de Engenharia Biológica, Alimentar, Veterinária e Agrícola, 69: 856-862.

14- Coulibaly S, Pasquet RS, Papa R, Gepts P .2002. A análise AFLP da organização fenética e da diversidade genética de Vigna unguiculata L. Walp. Revela um fluxo genético alargado entre tipos selvagens e domesticados. Theor. Appl. Genet, 104: 358-366.

15- Darwin, C. J., Brungart, D. S., & Simpson, B. D. (2003). Effects of fundamental frequency and vocal-tract length changes on attention to one of two simultaneous talkers. *Journal of the Acoustical Society of America, 114*, 2913-2922.

16- Davis DW, Oelke EA, Oplinger ES, Doll JD, Hanson CV, Putnam DH. 1991. Produtos vegetais e animais alternativos: Programas de intercâmbio de informações e investigação. In: Alternative Field Crops Manual. Janick e J.E. Simon (eds). Novas culturas. John Wiley and Sons, Nova Iorque, pp. 133-143.

17- Diouf D, Hilu KW. 2005. Microsatélites e marcadores RAPD para estudar a relação genética entre linhas de reprodução de feijão-frade e variedades locais no Senegal. Genet. Res. Crop Evol, 52: 10571067.

18- Doyle JJ, Doyle JL. 1990. Isolamento de ADN de plantas a partir de tecido fresco. Focus, 12: 13-15.

19- Fall L, Diouf, D, Fall-Ndiaye MA, Badiane FA, Gueye M. 2003. Diversidade genética em variedades de feijão-frade [Vigna unguiculata (L.)Walp.]determinada por técnicas ARA e RAPD. Afr. J.Biotech, 2: 48-50.

20- Faostat. 2013. Base de dados FAOSTAT disponível em http://faosta.fao.org/.

21- Fathi, M. (2010). *Estudo da diversidade genética de genótipos de cowoea (Vigna unguiculata L.) utilizando marcadores morfológicos e SSR* (tese de mestrado). Universidade de Teerão.

22- Fatokun CA, Danesh D, Young ND. 1993. Molecular taxonomic relationships in the genus Vigna based on RFLP analysis. Theor. Appl. Genet, 86: 97-104.

23- Fatokun, A. A., Stone, T. W., & Smith, R. A. (2008). Respostas de células diferenciadas do tipo osteoblasto MC3T3-E1 a espécies reactivas de oxigénio. *European Journal of Pharmacology, 587*, 35-41.

24- FitterAH, Hay RKM. 1987. Environmental physiology of plants. Academic Press London.

25- Franco J, Crossa J, Ribaut JM, Betran J, Warburton ML, Khairallah M. 2001. Um método de combinação de marcadores moleculares e atributos fenotípicos para a classificação de genótipos de plantas. Theor Appl Genet, 103: 944-952.

26- Gharghani A, Zamani Z, Talaie AR, Nandoize CO, Fatahi R, Hajnajari H, Wiedow C, Gardiner S. 2009. Identidade genética e relações entre cultivares e variedades autóctones de maçã iraniana (Malus x domestica Borkh), espécies selvagens de Malus e cultivares antigas representativas de maçã, com base na análise de marcadores de repetição de sequência simples (SSR). Genet Resour Crop Evol, 56: 829-842.

27- Heckenberger, M. J., Kuikuro, A., Kuikuro, U. T., Russell, J. C., Schmidt, M., Fausto, C., &

Franchetto, B. (2003). Amazônia 1492: floresta intocada ou parque cultural. *Science,* *301*,17101714.

28- Hedge SV, Mishra K S. 2009. Landraces de feijão-frade, *Vigna unguiculata* (L.) Walp. Como fontes potenciais de genes para caracteres únicos no melhoramento. Genetic Resour. Crop Evolut, 56: 615-627.

29- Hong, L., Schroth, G. P., Matthews, H. R., Yau, P., & Bradbury, E. M. (1993). Estudos sobre as propriedades de ligação ao ADN do terminal amino da histona H4. Estudos de desnaturação térmica revelam que a acetilação reduz acentuadamente a constante de ligação da "cauda" da H4 ao ADN. *Journal of Biological Chemistry, 268*, 305-314.

30- Jakobsson M, Rosenberg NA. 2007. CLUMPP: um programa de correspondência e permutação de clusters para lidar com a mudança de rótulo e a multimodalidade na análise da estrutura da população. Bioinformática, 23: 1801-1806.

31- Kameswara RN. 2004. Biotecnologia para a conservação e uso de Recursos Vegetais. Curso de formação sobre princípios de manuseamento de sementes em bancos de genes, Kampla, Uganda.

32- Kimura M, Crow JF. 1964. the number of alleles that can be maintained in a finite population. Genetics, 49:725-738.

33- Konan, S., Rhee, S. J., & Haddad, F. S. 2011. Artroscopia da anca: análise da experiência de aprendizagem de um único cirurgião. *The Journal ofBone and Joint Surgery. American Volume, 93*,52-56.

34- Kumar A, Singh DP. 1998. Utilização de índices fisiológicos como técnica de seleção para a tolerância à seca em espécies de Brassica oleaginosas. Annals Botany, 81:413-420.

35- Kuruma RW, Kiplagat O, Ateka E, Owuoche G. 2008. Diversidade genética de acessos de feijão-frade do Quénia com base em marcadores morfológicos e microssatélites. East Afr . Agric. For. J, 76:3-4.

36- Kuruma, Y., Suzuki, T., & Ueda, T. 2010. Produção de complexos de múltiplas subunidades em lipossomas através de um sistema de expressão sem células de E. coli. *Cell-Free Protein Production: Methods and Protocols, 607*, 161-171.

37- Legesse, B. W., Myburg, A. A., Pixley, K. V., & Botha, A. M. 2007. Genetic diversity of African maize inbred lines revealed by SSR markers. *Hereditas, 144*, 10-17.

38- Li CD, Fatokun CA, Ubi B, Singh BB. 2001. Determinação das semelhanças genéticas e das relações entre linhas e cultivares de nabo silvestre através de marcadores de microssatélites. Crop Sci, 41: 189-197.

39- Majnoon Hoseini N. 2008. Cultura e produção leguminosa. Publicação da Universidade de Teerão Jahad.

40- Marcos VBM, Siqueira Maria L, Bonatelli TG, Inka G, Karl J, PSchmid Vitor AC, Pavinato Elizabeth, A. 2014. Padrão de diversidade do inhame d'água (Dioscorea alata L.) no Brasil: uma análise com marcadores SSR e morfológicos. Genet Resour Crop Evol, 61:611-624.

41-Meng, X. J., Halbur, P. G., Shapiro, M. S., Govindarajan, S., Bruna, J. D., Mushahwar, I. K., & Emerson, S. U. 1998. Genetic and experimental evidence for cross-species infection by swine hepatitis E virus. *Journal of Virology, 72*, 9714-9721.

42-Menz, H. B., Lord, S. R., St George, R., & Fitzpatrick, R. C. 2004. Estabilidade da marcha e função sensório-motora em pessoas idosas com neuropatia periférica diabética. *Archives of physical medicine and rehabilitation, 85*, 245-252.

43-Mishra, S. K., Singh, B. B., Chand, D., & Meene, K. N. 2002. Diversidade para características económicas em feijão-frade. Em A. Henry, D. Kumar, & N. B. Singh (Eds.), Recent *advances in arid legumes research for food, nutrition security and promotion of trad* (pp. 15-16). Hissar: CCH Haryana Agricultural University.

44-Nei M. 1973. Análise da diversidade genética em populações subdivididas. Proc Natl Acad Sci USA, 70:3321-3323.

45-Nei, M. 1978. Estimativa da heterozigotia média e da distância genética a partir de um pequeno número de indivíduos.*Genetics, 89*, 583-590.

46-Ntundu, W. H., Shillah, S. A., Marandu, W. Y., & Christiansen, J. L. 2006. Morphological diversity of bambara groundnut [*Vigna subterranea* (L.) Verdc.] landraces in Tanzania.*Genetic Resources and Crop Evolution, 53*, 367-378.

47- Ouedraogo, O., Thiombiano, A., Hahn-Hadjali, K., & Guinko, S. 2008. Diversite et structure des groupements ligneux du pare national d'Arly (Est du Burkina Faso). *Flora et Vegetatio Sudano- Sambesica, 11*,5-16.

48- Padulosi S, Hoeschle-Zeledon I, Bordoni P .2007. Culturas menores e espécies subutilizadas: lições e perspectivas. Em crop wild relative conservation and use editado por Maxted N. Ford-Lioyd, BV Kell, SP, Iriondo JM, Dullo ME e Turok. Eds.CAB International, Wallingford, UK. Pp, 605624.

49- Padulosi, S. 1993. *Diversidade genética, taxonomia e levantamento ecogeográfico dos parentes silvestres do feijão-caupi (Vigna unguiculata (L.) Walpers.)* (Doutoramento). Universite'catholique, Louvain LaNeuve.

50- Prasanthi, L., Geetha, B., Jyothi, B. N., & Reddy, K. R. 2012. Avaliação da diversidade genética em genótipos de feijão-frade, *Vigna unguiculata* (L.) walp, utilizando ADN polimórfico amplificado aleatório (RAPD). *Current Biotica, 6*, 22-31.

51- Quin, F. M. 1997 . Introdução. Em B. B. Singh, D. R. Mohan Raj, K. E. Dashiell, & L. E. N. Jackai (Eds.), *Advances in Cowpea Research*, (pp. ix-xv. Devon: Co-publicação do Instituto Internacional de Agricultura Tropical (IITA), Ibadan, Nigéria e Centro Internacional de Investigação do Japão para a Ciência Agrícola (JIRCAS), Sayce Publishing, Devon.

52- Reif FC, Melchinger AE, Xia XC, Warburton ML, Hoisington DA, Vasal SK. 2003. Distância genética baseada em repetições de sequência simples e heterose em populações de milho tropical. Crop Science, 43:1275-1282.

53- R. der, M. S., Korzun, V., Wendehake, K., Plaschke, J., Tixier, M. H., Leroy, P., & Ganal, M.

W. 1998. Um mapa de microssatélites do trigo. *Genetics, 149*, 2007-2023.

54- Rohlf FJ. 2000. NTSSYS-pc: Numerical Taxonomy and Multivariate Analysis System, Version 2.11s Applied Biostatistics, New York.

55- Roldan-Ruiz L, Van Eeuwilk FA, Gilliland TJ, Dubreuil P, Dillmann C, Lallemand J, De Loose M, Baril C P. 2001. Estudo comparativo dos métodos moleculares e morfológicos de descrição das relações entre variedades de azevém perene (Lolium perenne L.). Theor. Appl. Genet, 103:1138-1150.

56- Rosenberg NA, Mahajan S, Ramachandran S, Zhao C, Pritchard JK, Feldman M. 2005. Clines, clusters, and the effect of study design on the inference of human population structure. PLoS Genet, 1:e70.

57- Rosenberg, N. A. 2004. Distruct: um programa para a apresentação gráfica da estrutura populacional. *MolecularEcologyNotes, 4*, 137-138.

58- Sardana S, Mahajan RK, Kumar D, Singh M, Sharma GD. 2001. Catálogo de germoplasma de feijão-frade (*Vigna unguiculata* L. Walp.). National Bureau of Plant Genetic Resources, Nova Deli, Índia, p. 80.

59- Sawadogo M, Ouedraogo JT, Gowda BS, Timko MP. 2010. Diversidade genética de cultivares de feijão-frade [*Vigna unguiculata* (L.)Walp.] no Burkina Faso resistentes a *Striga gesnerioides*. Afri. J. Biotechnol, 9: 8146-8153.

60- Shannon CE, Weaver W. 1949. the mathematical theory of communication. University of Illinois Press, Urbana.

61- Sharon EM, Kresovich S, Jester CA, Hernandez CJ, Szewc-McFadden AK. 1997. Aplicação da PCR multiplex e da tecnologia semi-automatizada de determinação de alelos baseada na fluorescência para a genotipagem de recursos fitogenéticos. Crop Science, 37:617-624.

62- Shehzad, Z., Kelly, A. M., Reiss, P. T., Gee, D. G., Gotimer, K., Uddin, L. Q., ... Milham, M. P. (2009, 16 de fevereiro). O cérebro em repouso: Unconstrained yet reliable. *Cereb Cortex* .[Epub ahead of print].

63- Singh BB, Chambliss OL, Sharma B. 1997. recent advances in cowpea breeding. Em Singh BB, Mohan Raj DR, Dashiell KE, Jackai LEN (eds). Advances in Cowpea Research. Co-edição do IITA -JIRCAS, IITA, Ibadan, Nigéria, pp, 30-49.

64- Siise, A., & Massawe, F. J. 2013. Análise molecular de marcadores baseados em microssatélites de amendoim bambara do Gana (*Vigna subterranea* (L.) Verdc.) landraces juntamente com a caraterização morfológica. *Recursos genéticos e evolução das culturas, 60*, 777-787.

65- Smith JSC, Kresovich S, Hopkins M S, Mitchell SE, Dean RF, Woodman WL, Lee M, Porter K. 2000. Diversidade genética entre linhas puras de sorgo de elite avaliadas com repetições de sequências simples. Crop Sci, 40:226-232

66- Smith JC, Chen ECL, Shu H, Smith ON, Wall SJ, Senior ML. 1997. Uma avaliação da utilidade dos loci SSR como marcadores moleculares no milho (*Zea mays* L.): Comparações com dados de RFLPs e pedigree. Theoretical and Applied Genetics, 95:163-173.

67- Stoilova T, Pereira G. 2013. Avaliação da diversidade genética numa coleção de germoplasma de feijão-caupi (*Vigna unguiculata* (L.) Walp.) Utilizando características morfológicas. Jornal Africano de Investigação Agrícola, 82 :208-215.

68- Timko MP, Ehlers JD, Roberts PA. 2007. Cowpea in Pulses Sugar and Tuber Crops, Genome Mapping and Molecular Breeding in Plants (Kole C, ed.). Springer-Verlag, Berlim, Heidelberg, 3: 49-67.

69- Tosti N, Negri V. 2002. Eficiência de três marcadores baseados em PCR na avaliação da variação genética entre variedades de feijão-frade (Vignaunguiculata subsp. unguiculata). Genoma, 45: 268-275.

70- Uptmoor R, Wnzel W, Friedt W, Donaldson G, Ayisi K, Ordon F. 2003. Análise coparativa sobre a relação genética de acessos de Sorghum bicolor da África Austral por RAPDs, AFLPs eSSRs. TheorApplGenet, 106: 1316-1325.

71- Weir, B. S. 1996. *Genetic data analysis II (Análise de dados genéticos II)*. Sunderland, MA: Sinauer & Associates.

72- Wright, S. 1978. *Variability within and among natural populations* (Vol. 4). Chicago, IL: The University of Chicago Press.

73- Yeh, F. C., Yang, R. C., & Boyle, T. 1999. *POPGENE versão 1.31*. Edmonton: Universidade de Alberta.

Tabela 1. Origem e código dos genótipos de feijão-frade

Cod .Genotype	Genotype no	Origin	Cod .Genotype	Genotype no	Origin
175	62-069-00276	India	8	62-034-00008	Columbia
107	62-002-00157	Afghanistan	196	62-157-00297	America
210	62-157-00310	America	203	62-157-00304	America
43	62-069-00048	India	162	62-110-00255	Nigeria
141	62-071-00218	India	193	62-157-00294	America
49	62-019-00004	Brazil	294	62-157-00424	America
307	62-157-00444	America	174	62-069-00273	India
186	62-157-00287	America	192	62-157-00293	America
220	62-157-00324	America	232	62-157-00341	America
222	62-157-00331	America	30	62-069-00030	India
291	62-157-00421	America	17	62-117-00017	Paraguay
7	62-034-00007	Columbia	76	62-015-00110	Belgium
37	62-153-00041	Turkey	9	62-157-00311	America
215	62-157-00318	America	229	62-157-00336	America
246	62-157-00355	America	Parasto	62-157-00347	America
313	62-157-00451	America	Mashhad	62-071-10003	Iran

Tabela 2. Primers utilizados no estudo da diversidade genética de genótipos de feijão-frade

Primer	Sequence Reverse and Forward	Size	Motif	T. M
Vm3	5´ GAG CCG GGT TCA ATA GGT A 3´ 5´ GAG CCA GGG CAC AGG TAG T 3´	171	$(AG)_{27}$	58
Vm5	5´AGC GAC GGC AAC AAC GAT3´ 5´TTC CCTGCA ACA AAA ATA CA 3´	188	$(AG)_{32}$	56
Vm11	5´ CGG GAA TTA ACG GAG TCA CC 3´ 5´ CCC AGA GGC CGC TAT TAC AC 3´	195	$(TA)_4 (AC)_{12}$	56
Vm12	5´ TTG TCA GCG AAA TAA GCA GAG A 3´ 5´ CAA CAG ACG CAG CCC AAC T 3´	157	$(AG)_{27}$	61
Vm13	5´ CAC CCG TGA TTG CTT GTT G 3´ 5´GTC CCC TCC CTC CCA CTG 3´	135	$(CT)_{21}$	63
Vm14	5´ AAT TCG TGG CAT AGT CAC AAG AGA 3´ 5´ ATA AAG GAG GGCATA GGG AGGTAT 3´	144	$(AG)_{24}$	62
Vm19	5´ TAT TCA TGC GCC GTG ACA CTA 3´ 5´ TCG TGG CAC CCC CTA TC 3´	241	$(AC)_7..(AC)_8$	60
Vm22	5´ GCG GGT AGT GTA TAC AAT TTG 3´ 5´ GTA CTG TTC CAT GGA AGA TCT 3´	217	$(AG)_{12}$	58
Vm23	5´ AGA CAT GTG GGC GCA TCT G 3´ 5´ AGA CGC GTG GTA CCC ATG TT 3´	174	$(CT)_{16}$	62
Vm25	5´ CCA CAA TCA CCG ATG TCC AA 3´ 5´ CAA TTC CAC TGC GGG ACA TAA 3´	240	$(TC)_{18}$	60
Vm26	5´ GGC ATC AGA CAC ATA TCA CTG 3´ 5´ TGT GGC ATT GAG GGT AGC 3´	294	$(TC)_{14}$	59
Vm31	5´CGC TCT TCG TTG ATG GTT ATG 3´ 5´GTG TTC TAG AGG GTG TGA TGG TA 3´	200	$(CT)_{16}$	60
Vm33	5´ GCA CGA GAT CTG GTG CTC CTT 3´ 5´ CAG CGA GCG CGA ACC 3´	270	$(AG)_{18} (AC)_8$	62
Vm34	5´ AGC TCC CCT AAC CTG AAT 3´ 5´ TAA CCC AAT AAT AAG ACA CAT A 3´	216	$(CT)_{14}$	54
Vm35	5´ GGT CAA TAG AAT AAT GGA AAG TGT 3´ 5´ ATG GCT GAA ATA GGT GTC TGA 3´	127	$(AG)_{11}.(T)_9$	58

Vm36	5′ ACT TTC TGT TTT ACT CGA CAA CTC 3′ 5′ GTC GCT GGG GGT GGC TTA TT 3′	160	$(CT)_{13}$	60
Vm37	5′ TGT CCG CGT TCT ATA AAT CAG C 3′ 5′ CGA GGA TGA AGT AAC AGA TGA TC 3′	289	$(AG)_5.(CCT)_{13}.(CT)_{13}$	60
Vm39	5′ GAT GGT TGT AAT GGG AGA GTC 3′ 5′ AAA AGG ATG AAA TTA GGA GAG CA 3′	212	$(AC)_{13}.(AT)_5.(TACA)_4$	58
Vm40	5′ TAT TAC GAG AGG CTA TTT ATT GCA 3′ 5′ CTC TAA CAC CTC AAG TTA GTG ATC 3′	200	$(AC)_{18}$	59
Vm68	5′ CAA GGC ATG GAA AGA AGT AAG AT 3′ 5′ TCG AAG CAA CAA ATG GTC ACA C 3′	254	$(GA)_{15}$	59
Vm70	5′ AAA ATC GGG GAA GGA AAC C 3′ 5′ GAA GGC AAA ATA CAT GGA GTC AC 3′	186	$(AG)_{20}$	58
Vm71	5′ TCG TGG CAG AGA ATC AAA GAC AC 3′ 5′ TGG GTG GAG GCA AAA ACA AAA C 3′	225	$(AG)_{12}.(AAAG)_3$	30

T.M: Melting temperature

Tabela 3. Média, mínimo máximo, erro padrão, alteração das características e resultado da ANOVA dos genótipos de feijão-frade sob irrigação normal.

Trait	Min	Max.	S. E	Rate of change	Mean.	F ratio	P>F
Economical yield (g)	54.80	193.73	30.66	138.93	101.81	3.62**	<.0001
Biological yield (g)	250.7	626.33	69.54	375.63	350.84	2.93**	0.0002
Harvest index	0.1821	0.5341	0.078	0.352	0.294	5.03**	<.0001
100 Grain weight	11.44	22.49	2.46	11.05	13.99	14.12**	<.0001
Number of grain per pod	11.79	18.45	1.28	6.65	13.11	5.76**	<.0001
Number of Pod per plant	37.67	55.67	4.34	18	45.13	3.16**	<.0001
Grain length (mm)	6.74	9.44	0.56	2.7	7.79	5.22**	<.0001
Grain width (mm)	5.69	7.33	0.31	1.62	6.28	4.65**	<.0001
Grain thickness (mm)	4.21	5.7	0.35	1.49	4.68	7.45**	<.0001
Plant height (cm)	37.66	55.66	4.34	18	45.13	1.49ns	0.0924
Date to 50% germination	8	25	4.39	17	12.46	2.02**	0.0093
Date to 50% flowering	91	114	6.12	23	100.28	4.84**	<.0001
Date to 50% pod emerging	116.3	131.67	4.71	15.33	125.76	3.49**	<.0001
Date to 50% maturing	111	128	4.34	17	119.85	3.19**	<.0001
Pod length (cm)	13.99	19.69	1.30	5.71	15.71	7.80**	<.0001
Pod thickness (mm)	5.44	7.44	0.49	2	6.15	6.73**	<.0001
Pod width (mm)	6.93	9.50	0.48	2.56	7.81	5.37**	<.0001

Min: Minimum; Max: Maximum; S.E: Standard error. ns,*, and **: not sigifiant, shgnificant at 5% and 1% level respectily.

Tabela 4. Média, mínimo máximo, erro padrão, alteração das características e resultado da ANOVA dos genótipos de feijão-frade sob stress hídrico.

Trait	Min.	Max.	S. E	Rate of change	Mean.	F ratio	$P > F$
Economical yield (g)	31.5	195.24	31.76	163.74	83.57	5.6**	<.0001
Biological yield (g)	189.44	755.1	123.87	565.66	334.4	4.24**	<.0001
Harvest index	0.155	0.365	0.058	0.208	0.261	2.39**	0.0018
100 Grain weight	9.19	18.09	2.18	8.9	12.26	9.41**	<.0001
Number of grain per pod	9.45	16.66	1.09	7.21	12.02	2.26**	0.0032
Number of Pod per plant	30.67	40.44	5.03	18.67	37.66	16.47**	<.0001
Grain length (mm)	6.85	11.28	0.78	4.43	7.97	6.27**	<.0001
Grain width (mm)	5.33	7.07	0.36	1.74	6.18	3.08**	<.0001
Grain thickness (mm)	4.02	6.39	0.40	2.37	4.59	5.18**	<.0001
Plant height (cm)	30.67	49.34	5.04	18.67	37.66	2.82**	0.0003
Date to 50% germination	9	32.67	5.02	23.67	14.92	1.87*	0.0181
Date to 50% flowering	77	100.34	5.51	23.34	87.88	2.99**	0.0001
Date to 50% pod emerging	101.68	119.34	4.11	17.67	13.39	1.94*	0.0131
Date to 50% maturing	104.33	112	1.68	7.67	107.48	1.89*	0.0170
Pod length (cm)	13.39	18.48	1.06	5.09	15.33	2.76**	0.0003
Pod thickness (mm)	4.31	7.79	0.66	3.48	5.36	9.63**	<.0001
Pod width (mm)	6.24	9.21	0.58	2.997	7.32	5.04**	<.0001

Min: Minimum; Max: Maximum; S.E: Standard error. P: prob, probability. ns,*, and **: not sigifiant, shgnificant at 5% and 1% level respectily.

Tabela -5. Resumo dos parâmetros genéticos dos loci de repetição de sequência única e dos genótipos de feijão-frade.

Primers	N	Na	Ne±SE	I±SE	H_T	H_e	G_{ST}	N_m	h	PIC
Vm12	8	2.000±0.000	1.3±0.324	0.329±0.206	0.191±0.027	0.162±0.015	0.152	2.801	0.198±0.159	0.59
Vm3	8	2.000±0.000	1.963±0.143	0.275±0.137	0.143±0.007	0.135±0.006	0.057	8.276	0.152±0.095	0.50
Vm22	6	2.000±0.000	1.173±0.128	0.259±0.124	0.146±0.011	0.138±0.010	0.0499	9.515	0.140±0.0846	0.38
Vm68	8	2.000±0.000	1.128±0.100	0.210±0.115	0.0875±0.007	0.085±0.006	0.0325	14.897	0.108±0.0745	0.34
Vm25	4	2.000±0.000	1.059±0.053	0.122±0.080	0.05±0.00	0.048±0.003	0.0408	11.748	0.0541±0.045	0.25
Vm36	6	2.000±0.000	1.087±0.060	0.165±0.084	0.081±0.004	0.073±0.003	0.0987	4.568	0.0782±0.049	0.42
Vm26	14	2.000±0.000	1.162±0.189	0.221±0.17	0.131±0.0139	0.121±0.012	0.077	5.974	0.122±0.119	0.43
Vm70	12	2.000±0.000	1.314±0.218	0.365±0.169	0.225±0.013	0.211±0.013	0.066	7.193	0.221±0.123	0.58
Vm5	6	2.000±0.000	1.324±0.361	0.337±0.222	0.194±0.032	0.186±0.029	0.0439	10.879	0.206±0.174	0.63
Vm34	8	2.000±0.000	1.374±0.237	0.409±0.149	0.236±0.017	0.188±0.004	0.2025	1.969	0.251±0.12	0.59
Vm11	7	2.000±0.000	1.228±0.315	0.259±0.211	0.153±0.025	0.145±0.024	0.0499	6.306	0.151±0.159	0.29
Vm13	9	2.000±0.000	1.216±0.229	0.274±0.178	0.141±0.016	0.130±0.013	0.0735	6.307	0.157±0.128	0.34
Vm23	10	2.000±0.000	1.206±0.102	0.297±0.111	0.143±0.005	0.133±0.003	0.0693	6.719	0.165±0.074	0.48
Vm39	13	2.000±0.000	1.159±0.139	0.235±0.142	0.136±0.0012	0.128±0.011	0.0624	6.510	0.127±0.0955	0.50
Vm40	7	2.000±0.000	1.349±0.249	0.386±0.181	0.212±0.0165	0.192±0.012	0.096	4.708	0.237±0.135	0.54
Vm37	8	2.000±0.000	1.199±0.275	0.249±0.178	0.130±0.017	0.116±0.011	0.103	4.363	0.139±0.137	0.47
Vm31	8	2.000±0.000	1.158±0.139	0.236±0.138	0.124±0.009	0.118±0.008	0.0528	8.973	0.127±0.0942	0.41
Vm71	11	2.000±0.000	1.228±0.315	0.259±0.211	0.153±0.025	0.145±0.024	0.0499	9.562	0.151±0.159	0.32
Vm33	12	2.000±0.000	1.627±0.162	0.230±0.162	0.150±0.013	0.144±0.013	0.0404	11.868	0.126±0.110	0.38
Vm35	9	2.000±0.000	1.218±0.305	0.245±0.220	0.128±0.024	0.123±0.022	0.0406	11.826	0.144±0.160	0.40
Vm14	5	2.000±0.000	1.324±0.361	0.337±0.222	0.194±0.0314	0.186±0.029	0.0439	10.878	0.206±0.174	0.55
Vm19	7	2.000±0.000	1.222±0.186	0.291±0.167	0.161±0.0176	0.155±0.017	0.0351	13.753	0.166±0.118	0.43
Means	8.45	2.000±0.000	1.205±0.211	0.265±0.165	0.146±0.0144	0.135±0.012	0.0758	6.0996	0.149±0.119	0.45

Na: Oserved number of alleles; Ne: Effective number of alleles; I: Shannon Information index; H_T: Total heterozygsity; He: Expected heterozygosity. Nm: Number of marker. PIC: Polymorphism Information Content.

Tabela 6. Medidas de síntese da variação genética nas populações estudadas de genótipos de feijão-frade.

Index	Pop1	Pop2	Pop3	Pop4	Average
Na±SE	0.973±0.073	1.47±0.065	0.551±0.065	0.659±0.067	0.914±0.036
Ne±SE	1.238±0.024	1.202±0.019	1.135±0.020	1.152±0.020	1.182±0.010
h±SE	0.146±0.013	0.138±0.011	0.085±0.011	0.096±0.012	0.116±0.006
I±SE	0.226±0.019	0.233±0.015	0.131±0.017	0.149±0.017	0.185±0.009
Number of polymorphic bands	92	136	52	66	346
Percentage of polymorphic bands	47.57	73.51	27.03	30.27	44.59

Pop1: Population of India. Pop2: Population of America. Pop3: Population of Latin America, and Pop4: Asian population.
Na: Oserved number of alleles; Ne: Effective number of alleles; I: Shannon Information index

Tabela 7. Análise de variância molecular (AMOVA) para 32 genótipos de feijão-frade de quatro populações avaliadas com dados de microssatélites.

S.O.V	Df	SS	MS	E .V	%	PhiPT Value	PhiPT Prob
Among populations	3	160.451	53.48	5.439	23	0.226	0.010
Within populations	28	511.61	18.27	18.272	77	---	---
Total	31	672.06	---	23.62	100	---	---

DF: Degrees of freedom; SS: Sum of spuares; MS: Means of squares. E.V: Estimated Variance: S.V: Source of variation

Tabela 8. Distância genética e identidade genética (acima da diagonal) estimadas entre populações em todos os loci com base em Nei para genótipos de feijão-frade.

Population	Pop1	Pop2	Pop3	Pop4
Population1	----	0.9934	0.9848	0.9787
Population2	0.0066	----	0.9889	0.9807
Population3	0.0153	0.0111	----	0.9722
Population4	0.0215	0.0195	0.0282	----

Pop1: Population of India. Pop2: Population of America. Pop3: Population of Latin America, and Pop4: Asian population

Tabela 9. Resultados da regressão stepwise entre dados morfológicos e moleculares para definir marcadores informativos nos genótipos estudados em condições de rega normal e de stress hídrico.

Trait	Normal Condition				Drought Stress Condition			
	Number of marker	R^2_{max} (%)	R^2_T (%)	L. M	Number of marker	R^2_{max} (%)	R^2_T (%)	L. M
Economical yield(g)	5	21.9 %	63 %	Vm70	8	22.4 %	76.5 %	Vm3
Biological yield(g)	6	52.3 %	80,4 %	Vm33	8	38.4 %	84.6 %	Vm26
Harvest index	24	27.2 %	98.9 %	Vm33	5	20 %	56.2 %	Vm39
100 Grain weight	15	68 %	98.7 %	Vm14	6	41.9 %	71.2 %	Vm68
Number of grain per pod	31	34 %	99 %	Vm68	10	60.3 %	94.1 %	Vm26
Number of Pod per plant	11	24.2 %	78 %	Vm22	4	33.4 %	59.2 %	Vm68
Grain length(mm)	24	57.4 %	99.8 %	Vm39	6	60.1 %	87.4 %	Vm12
Grain width(mm)	31	49 %	99.89 %	Vm39	16	32.3	98.2	Vm70
Grain thickness (mm)	33	52.8 %	99.9 %	Vm14	8	67.4 %	93.6 %	Vm12
Plant height (cm)	11	24.2 %	77.4 %	Vm22	4	33.4 %	59.2 %	Vm61
Date to 50% germination	2	56.1 %	65 %	Vm68	14	41.7 %	97.4 %	Vm26
Date to 50% flowering	27	20.7 %	99.9 %	Vm34	31	18.9 %	99.9 %	Vm22
Date to 50% pod emerging	4	22.1 %	50.7 %	Vm68	26	27.1 %	99.9 %	Vm31
Date to 50% maturing	3	25.5 %	48.9 %	Vm68	6	32.4 %	73.6 %	Vm40
Pod length (cm)	16	16.9 %	97.3 %	Vm5	35	29.7 %	99.9 %	Vm26
Pod thickness (mm)	31	27.1 %	99.9	Vm14	11	44.6 %	93.9 %	Vm14
Pod width (mm)	33	52.9 %	99.9 %	Vm34	3	46.1 %	67.6 %	Vm68

R^2_{max}: $R^2_{maximum}$; R^2_T: R^2_{total} ; L.M: Leading Marker

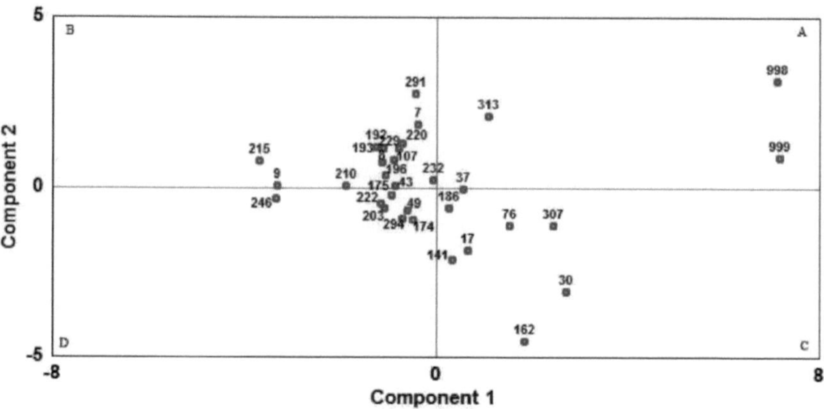

Figura -1. Distribuição de 32 genótipos de feijão-caupi, de acordo com o primeiro e segundo componentes em condições normais de irrigação.

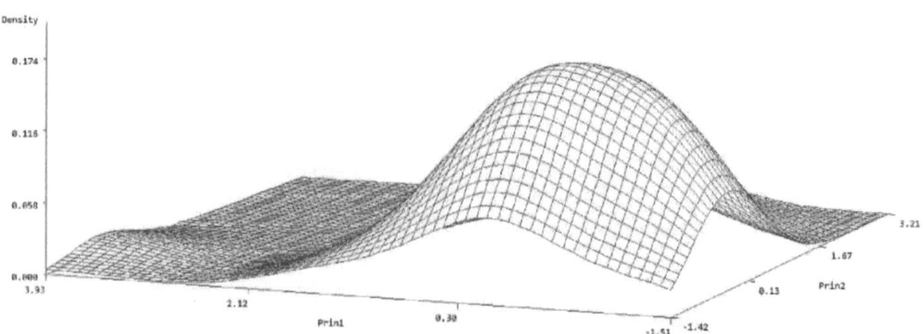

Figura -2: Densidade de parcelas da análise de componentes principais para 17 características em genótipos de feijão-frade sob irrigação normal.

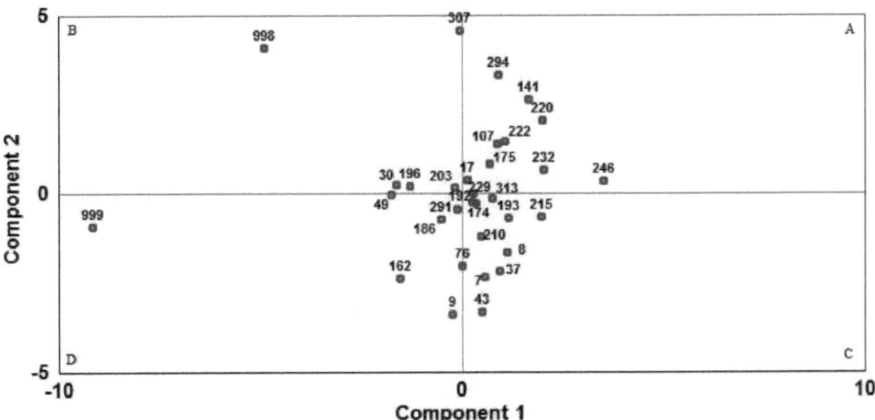

Figura -3. Distribuição de 32 genótipos de feijão-caupi, de acordo com o primeiro e segundo componentes sob condições
de stress de seca.

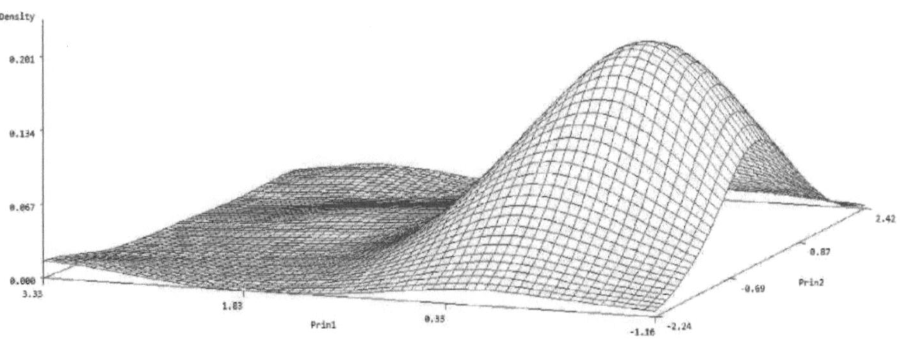

Figura -4. Densidade de parcelas da análise de componentes principais para 17 características
em genótipos de feijão-frade sob
irrigação normal.

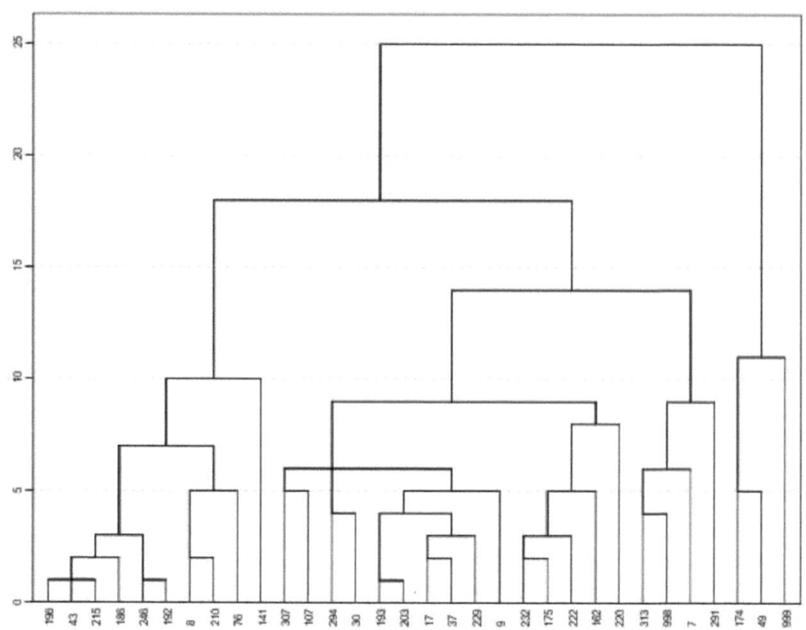

Figura -5. Dendrograma para todas as características em condições normais de irrigação.

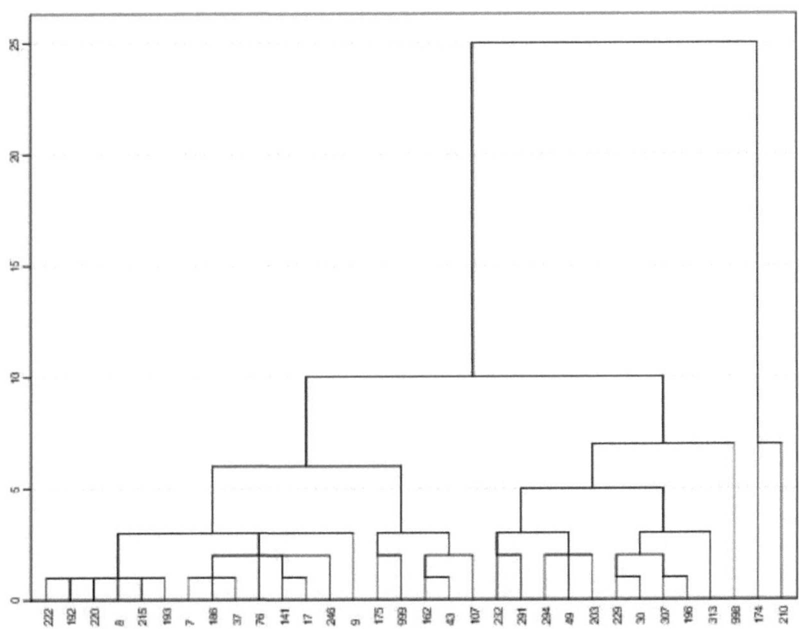

Figura -6. Dendrograma para todas as características em condições de stress de seca.

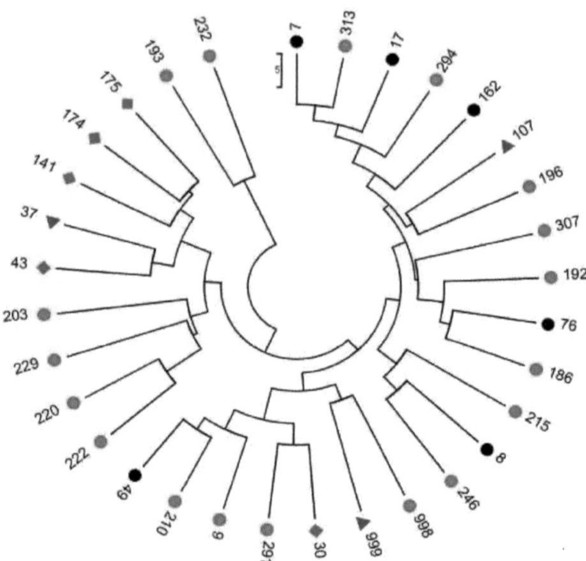

Fig. 7. Agrupamento UPGMA mostrando a relação genética entre 32 genótipos de feijão-frade de quatro regiões (America ● - Latin America ● - India ■ - Asia ▼).

Printed by Books on Demand GmbH, Norderstedt / Germany